平成３０年産

花 き 生 産 出 荷 統 計

大臣官房統計部

令 和 2 年 2 月

農林水産省

目　　次

利用者のために

1　調査の概要

(1)　調査の目的

作物統計調査の作付面積調査及び収穫量調査の花き調査（以下「本調査」という。）として実施したものであり、花きの作付（収穫）面積及び出荷量の現状とその動向を明らかにし、花きの振興に関する法律（平成26年法律第102号）に基づき策定された「花き産業及び花きの文化の振興に関する基本方針」において推進される各種対策のための資料を整備することを目的としている。

(2)　調査の根拠

作物統計調査は、統計法（平成19年法律第53号）第９条第１項に基づく総務大臣の承認を受けて実施した基幹統計調査である。

(3)　調査の機構

本調査は、農林水産省大臣官房統計部及び地方組織を通じて行った。

(4)　調査の体系（太枠部分が公表した範囲）

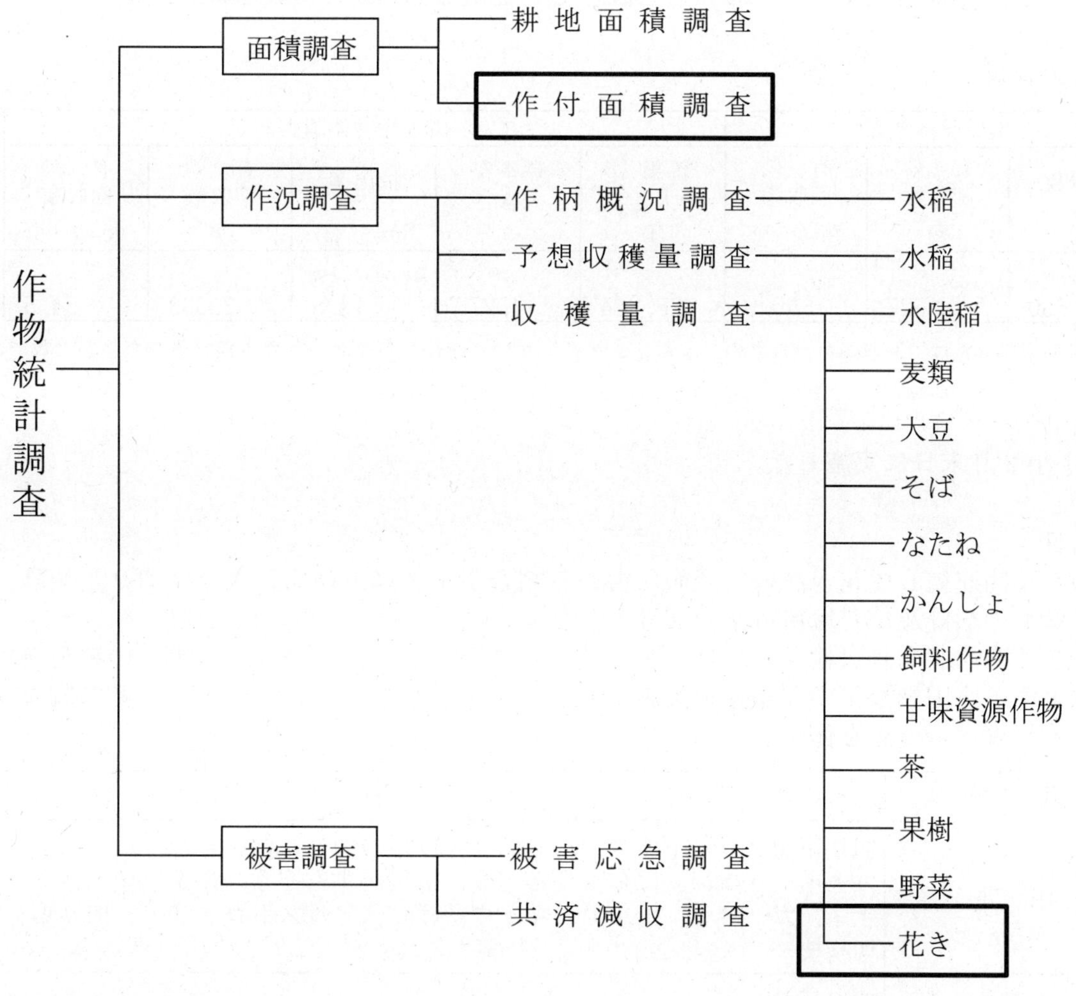

(5)　調査の範囲

全ての都道府県を調査対象とする全国調査（直近では作付面積調査及び収穫量調査ともに平成28年産）を作付面積調査にあっては３年、収穫量調査にあっては６年ごとに実施している。

その中間年に当たる本年産にあっては、調査対象品目ごとに、全国調査年における作付（収穫）面積の全国値のおおむね80％を占めるまでの上位都道府県を調査対象（主産県）としている（５～６ページ別表「品目別調査対象都道府県（主産県）一覧表」参照）。

なお、前年産の主産県は、平成25年産（前回の全国調査年）における作付（収穫）面積の全国値を基準としていることから、本年産と前年産で調査対象都道府県が異なる場合がある。

(6)　調査対象者の選定

ア　作付面積調査（全数調査）

調査対象品目を取り扱っている全ての農協等の関係団体とした。

イ　収穫量調査

(ｱ)　関係団体調査（全数調査）

調査対象品目を取り扱っている全ての農協等の関係団体とした。

(ｲ)　標本経営体調査（標本調査）

都道府県ごとの出荷量に占める関係団体の取扱数量の割合が８割に満たない都道府県については、（ｱ）に加えて、2015年農林業センサスにおいて、調査対象類（切り花類、球根類、鉢もの類及び花壇用苗もの類）を販売目的で作付けし、関係団体以外に出荷した農林業経営体から作付面積に応じた確率比例抽出法により抽出した。

標本の大きさ（標本経営体数）については、全国の１ａ当たり出荷量を指標とした目標精度（２～３％）が確保されるよう、都道府県別に調査対象類の全国出荷量に占めるシェアを考慮して目標精度（５～20％）を設定し、必要な標本経営体数を算出した。

(7)　調査対象者数

関係団体調査			標本経営体調査				
団体数 ①	有　効 回収数 ②	有　効 回収率 ③=②/①	母集団 の大きさ ④	標本の 大きさ ⑤	抽出率 ⑥=⑤/④	有　効 回収数 ⑦	有　効 回収率 ⑧=⑦/⑤
団体	団体	%	経営体	経営体	%	経営体	%
580	527	90.9	28,944	4,278	14.8	2,333	54.5

注：「有効回収数」は、回収があったもののうち、当年産において作付けがなかった標本経営体等を除いた数である。

(8)　調査期日

平成31年２月末日に実施した。

(9)　調査品目

直近の２年間連続して花き計の生産額に占める割合が１％以上の品目並びに切り花類計、球根類計、鉢もの類計及び花壇用苗もの類計とした。

なお、きくの内訳品目（輪ぎく、スプレイぎく及び小ぎく）については、全ての都道府県を調査対象とする全国調査年のみ調査を実施することとしており、その中間年（主産県調査年）に当たる本年産は、調査を休止した。

類　別	品　目
切　り　花　類	切り花類計（以下のきくから切り枝以外の切り花類を含む。）、きく、カーネーション、ばら、りんどう、宿根かすみそう、洋ラン類、スターチス、ガーベラ、トルコギキョウ、ゆり、アルストロメリア、切り葉、切り枝
球　根　類	球根類計
鉢　も　の　類	鉢もの類計（以下のシクラメンから花木類以外の鉢もの類を含む。）、シクラメン、洋ラン類、観葉植物、花木類
花壇用苗もの類	花壇用苗もの類計（パンジー以外の花壇用苗もの類を含む。）、パンジー

(10) 調査事項

ア 作付面積調査

調査対象品目ごとに、当該年産（1～12月）の作付（収穫）面積

イ 収穫量調査

(ｱ) 関係団体調査

調査対象品目ごとに、当該年産（1～12月）の作付（収穫）面積及び出荷量

(ｲ) 標本経営体調査

調査対象品目ごとに、当該年産（1～12月）の作付（収穫）面積及び出荷量

(11) 調査方法

ア 作付面積調査

関係団体に対する往復郵送調査又はオンライン調査により行った。

イ 収穫量調査

関係団体に対する往復郵送調査又はオンライン調査及び標本経営体に対する往復郵送調査により行った。

(12) 集計方法

ア 都道府県値

農林水産省地方組織に提出された調査票は、農林水産省地方組織において集計した。

(ｱ) 作付（収穫）面積の集計は、関係団体調査結果を基に行っており、職員又は統計調査員による巡回・見積り及び職員による情報収集により補完している。

(ｲ) 出荷量の集計は、関係団体調査及び標本経営体調査結果から得られた1a当たり出荷量に作付（収穫）面積を乗じて算出し、必要に応じて統計調査員による巡回又は職員による情報収集により補完している。

イ 全国値

農林水産省地方組織から報告された都道府県値を用い、農林水産省大臣官房統計部において集計した。

また、本年産調査は主産県調査年に当たることから、全国調査を行った平成28年産の調査結果に基づき、次により推計した。

$$\text{全国値} = \frac{\text{平成28年産の全国値} \times \text{当年産の調査対象都道府県値の合計値}}{\text{平成28年産における当年産の調査対象都道府県値の合計値}}$$

(13) 調査の精度

ア 作付面積調査

関係団体に対する全数調査結果を用いて全国値を算出していることから、目標精度を設定していない。

イ 収穫量調査

本調査結果（主産県計）の1a当たり出荷量を指標とした実績精度を標準誤差率（標準誤差の推定値÷推定値×100）により示すと、次のとおりである。

区　分	標準誤差率（%）
切り花類計	2.9
球根類計	1.1
鉢もの類計	6.1
花壇用苗もの類計	3.6

2　用語の説明

(1)　作付面積

　販売を意図して、花き栽培のために利用することを目的に作付けした面積をいう。したがって、自家用として庭園等に栽培したもの及び公園などで観賞用に植え付けられているものの面積は除く。

(2)　収穫面積

　球根類及び鉢もの類の作付面積（鉢もの類にあっては、鉢が占有しているベッド、棚等の延べ面積をいう。）のうち、収穫又は出荷した花きの利用面積をいい、育成中の球根類等の利用面積を除いたものをいう。

(3)　出荷量

　収穫された花きのうち販売に供されたものの量をいう。

3　利用上の注意

(1)　統計数値については、次の方法によって四捨五入しており、合計値と内訳の計が一致しない場合がある。

原　　数		７桁以上 (100万)	６桁 (10万)	５桁 (１万)	４桁 (1,000)	３桁以下 (100)
四捨五入する桁数（下から）		３桁	２桁		１桁	四捨五入 しない
例	四捨五入する前（原数）	1,234,567	123,456	12,345	1,234	123
	四捨五入した数値（統計数値）	1,235,000	123,500	12,300	1,230	123

(2)　表中に用いた記号は次のとおりである。

　「nc」：計算不能

(3)　この統計表に掲載された数値を他に転載する場合は、「花き生産出荷統計」（農林水産省）による旨を記載してください。

(4)　本統計の累年データについては、農林水産省ホームページ「統計情報」の分野別分類「作付面積・生産量、被害、家畜の頭数など」、品目別分類「花き」の「作況調査（花き）」で御覧いただけます。

【 https://www.maff.go.jp/j/tokei/kouhyou/sakumotu/sakkyou_kaki/index.html#r 】

4　お問合せ先

農林水産省　大臣官房統計部　生産流通消費統計課　園芸統計班

電話：（代表）03-3502-8111　内線 3680

　　　（直通）03-6744-2044

FAX　：03-5511-8771

※　本調査に関する御意見、御要望は、上記問合せ先のほか、農林水産省ホームページでも受け付けております。

【 https://www.contactus.maff.go.jp/j/form/tokei/kikaku/160815.html 】

別表

品目別調査対象都道府県（主産県）一覧表

都道府県	切り花類										
	計	きく	カーネーション	ばら	りんどう	宿根かすみそう	洋ラン類	スターチス	ガーベラ	トルコギキョウ	ゆり
北海道	○		○			○		○		○	○
青森	○									○	
岩手	○	○			○						○
宮城	○			○						○	
秋田	○	○			○					○	○
山形	○			○	○					○	
福島	○	○			○	○				○	○
茨城	○	○		○					○		
栃木	○	○		○			○				
群馬	○			○			○				
埼玉	○						○				○
千葉	○		○	○			○	○	○	○	○
東京	○										
神奈川	○			○							
新潟	○										○
富山											
石川											
福井											
山梨	○			○							
長野	○	○	○	○	○			○		○	○
岐阜	○			○							
静岡	○	○	○	○			○		○	○	
愛知	○	○	○	○			○		○	○	
三重	○			○							
滋賀											
京都											
大阪											
兵庫	○		○								
奈良	○	○									
和歌山	○			○		○		○	○		
鳥取											
島根	○									○	
岡山	○			○							
広島											
山口											
徳島	○						○				
香川											
愛媛	○			○							
高知	○					○	○			○	○
福岡	○	○	○	○			○		○	○	○
佐賀	○			○						○	
長崎	○	○	○	○					○	○	
熊本	○		○	○		○				○	○
大分	○	○		○						○	
宮崎	○										○
鹿児島	○	○					○				○
沖縄	○	○					○				

品目別調査対象都道府県（主産県）一覧表（続き）

都道府県	切り花類（続き）			球根類	鉢もの類					花壇用苗もの類	
	アルストロメリア	切り葉	切り枝	計	計	シクラメン	洋ラン類	観葉植物	花木類	計	パンジー
北海道	○				○	○				○	
青森											
岩手					○	○				○	○
宮城											
秋田											
山形	○		○							○	○
福島			○		○	○					
茨城	○		○		○	○			○	○	○
栃木					○	○	○		○	○	○
群馬			○		○	○				○	○
埼玉			○		○	○	○		○	○	○
千葉		○	○		○	○	○	○	○	○	○
東京		○			○			○		○	○
神奈川					○	○	○			○	○
新潟				○	○				○		
富山				○							
石川											
福井											
山梨					○	○	○				
長野	○		○		○	○	○				
岐阜					○	○			○	○	
静岡			○		○		○	○	○	○	○
愛知	○	○			○	○	○	○	○	○	○
三重			○							○	○
滋賀											
京都										○	○
大阪										○	○
兵庫										○	○
奈良			○							○	○
和歌山			○								
鳥取										○	○
島根					○	○				○	
岡山					○		○			○	○
広島										○	○
山口										○	
徳島			○		○		○				
香川											
愛媛			○								
高知			○		○		○				
福岡					○	○	○		○	○	○
佐賀					○	○				○	○
長崎											
熊本					○		○			○	○
大分	○										
宮崎			○	○	○		○			○	○
鹿児島		○	○	○	○			○		○	
沖縄		○			○			○			

I　調査結果の概要

1　平成30年産花きの作付（収穫）面積及び出荷量の動向

作付（収穫）面積は、切り花類が１万4,170ha（対前年産比98%）、球根類が287ha（同94%）、鉢もの類が1,605ha（同98%）、花壇用苗もの類が1,378ha（同98%）となった。

出荷量は、切り花類が35億3,400万本（同95%）、球根類が8,560万球（同94%）、鉢もの類が２億960万鉢（同95%）、花壇用苗もの類が５億9,840万本（同98%）となった。

表１　平成30年産花きの類別作付（収穫）面積及び出荷量（全国）

類別	作付（収穫）面積	出荷量	対前年産比	
			作付（収穫）面積	出荷量
	ha	万本（球・鉢）	%	%
切り花類	14,170	353,400	98	95
球根類	287	8,560	94	94
鉢もの類	1,605	20,960	98	95
花壇用苗もの類	1,378	59,840	98	98

注：１　平成30年産は主産県を対象に実施しており、全国値については主産県の結果を基に推計した。
　　２　球根類及び鉢もの類は、収穫面積である。
　　３　出荷量の単位は、切り花類及び花壇用苗もの類が万本、球根類が万球、鉢もの類が万鉢である。

2　類別・品目別の作付（収穫）面積及び出荷量の動向

(1)　切り花類

作付面積は１万4,170haで、前年産に比べ290ha（２%）減少した。これは、高齢化等により規模を縮小したこと等による。

出荷量は35億3,400万本で、前年産に比べ１億7,000万本（５%）減少した。これは、生育期間の天候不順により生育が抑制されたことやきく等において台風被害が発生したこと等による。

都道府県別出荷量割合は、愛知県が17%で最も高く、次いで沖縄県が８%、福岡県が６%となっている。

品目別出荷量割合は、きくが40%、ばら及びカーネーションがそれぞれ７%、切り枝が６%となっており、この４品目で全体の６割を占めている。

図１　切り花類の作付面積及び出荷量の推移

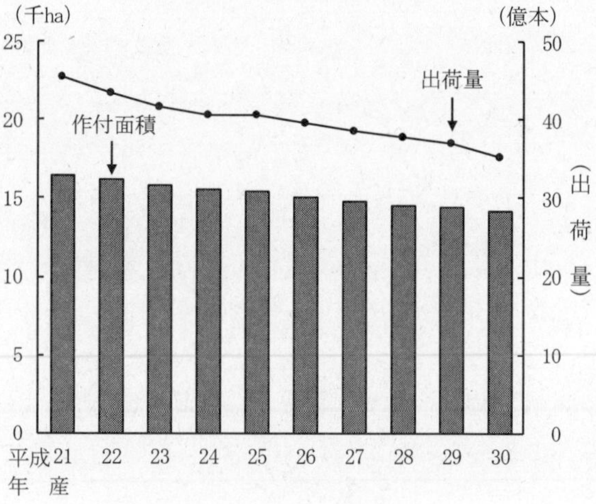

図２　切り花類の都道府県別出荷量割合

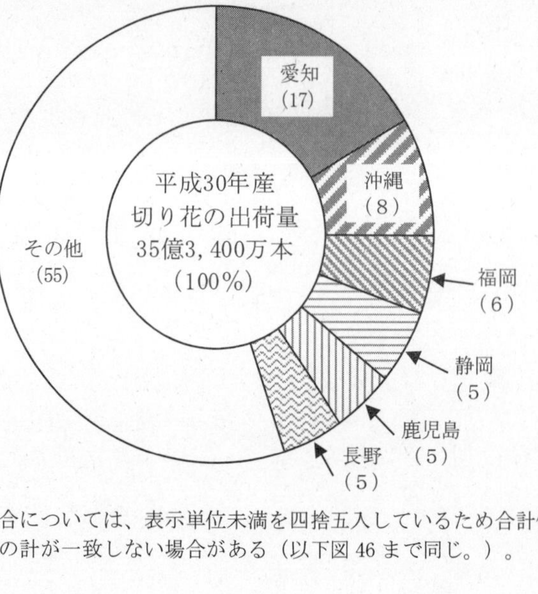

注：　割合については、表示単位未満を四捨五入しているため合計値と内訳の計が一致しない場合がある（以下図46まで同じ。）。

図３　切り花類の品目別出荷量割合

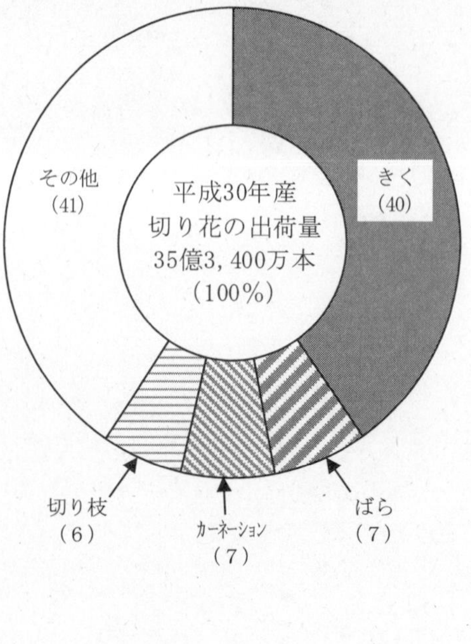

表２　平成30年産切り花類の作付面積及び出荷量（全国）

品目	作付面積	出荷量	対前年産比	
			作付面積	出荷量
	ha	万本	%	%
切り花類	14,170	353,400	98	95
うちきく	4,663	142,400	98	95
カーネーション	290	23,410	98	97
ばら	325	23,600	97	95
りんどう	432	8,890	100	102
宿根かすみそう	201	4,960	99	99
洋ラン類	124	1,530	97	99
スターチス	186	12,170	99	97
ガーベラ	88	14,340	98	91
トルコギキョウ	426	9,830	98	97
ゆり	713	13,030	96	95
アルストロメリア	78	5,470	98	99
切り葉	647	11,310	99	92
切り枝	3,674	20,310	101	98

注：切り花類の値は、表章されている内訳品目以外の品目を含んだ合計である。

ア　きく

作付面積は4,663haで、前年産に比べ95ha（２％）減少した。

出荷量は14億2,400万本で、前年産に比べ8,000万本（５％）減少した。これは、沖縄県において台風被害が発生したこと等による。

都道府県別出荷量割合は、愛知県が32％で最も高く、次いで沖縄県が18％、福岡県が７％となっており、この３県で全国の約６割を占めている。

図４　きくの作付面積及び出荷量の推移

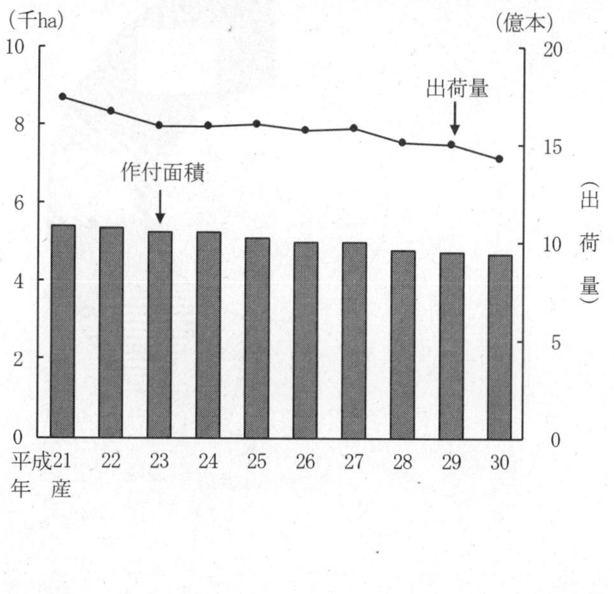

図５　きくの都道府県別出荷量割合

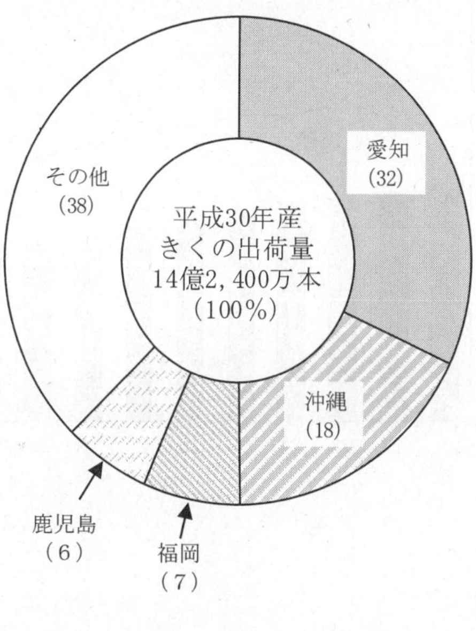

イ　カーネーション

作付面積は290haで、前年産に比べ５ha（２％）減少した。

出荷量は２億3,410万本で、前年産に比べ610万本（３％）減少した。

都道府県別出荷量割合は、長野県が21％で最も高く、次いで愛知県が18％、北海道が10％となっており、この３道県で全国の約５割を占めている。

図６　カーネーションの作付面積及び出荷量の推移

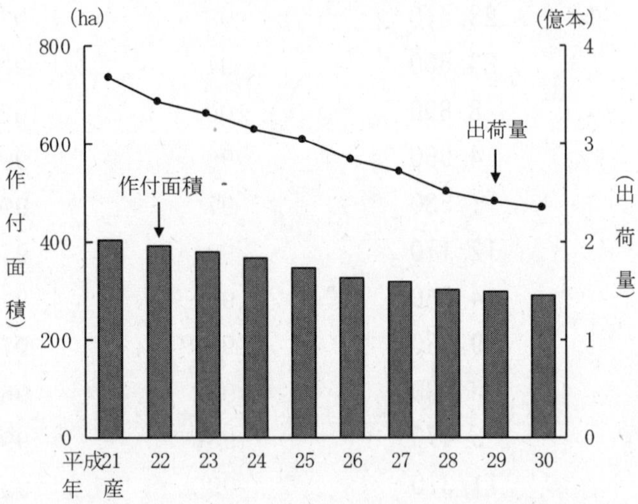

図７　カーネーションの都道府県別出荷量割合

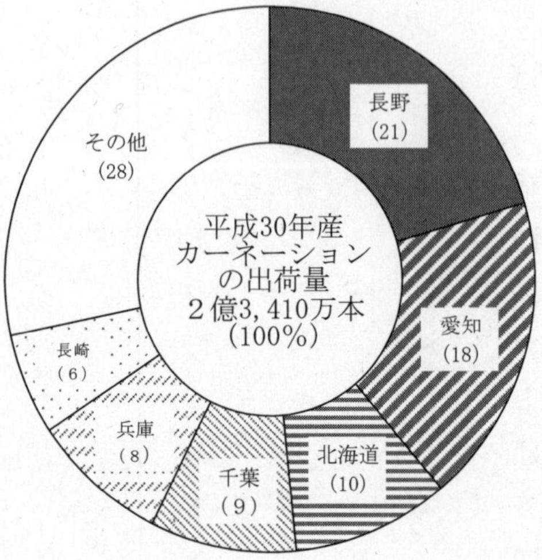

ウ　ばら

作付面積は325haで、前年産に比べ11ha（３％）減少した。

出荷量は２億3,600万本で、前年産に比べ1,220万本（５％）減少した。これは、作付面積が減少したこと等による。

都道府県別出荷量割合は、愛知県が18％で最も高く、次いで静岡県が９％、山形県及び福岡県がそれぞれ７％となっている。

図８　ばらの作付面積及び出荷量の推移

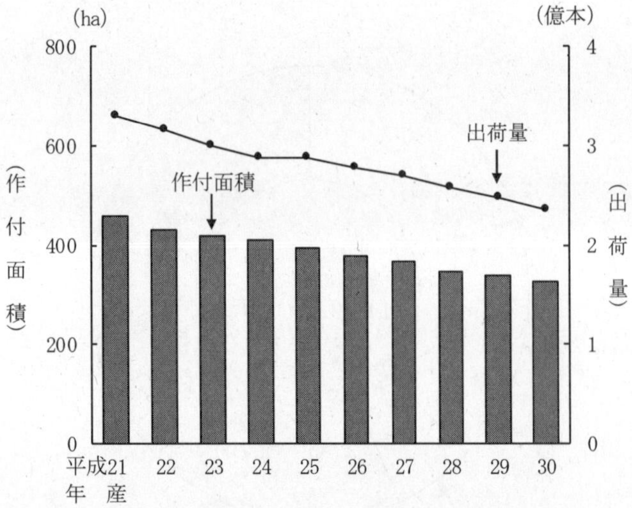

図９　ばらの都道府県別出荷量割合

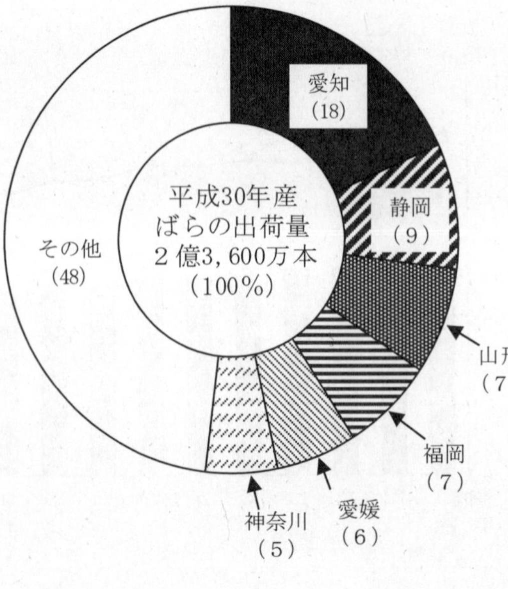

エ　りんどう

作付面積は432haで、前年産並みとなった。

出荷量は8,890万本で、前年産に比べ200万本（２％）増加した。

都道府県別出荷量割合は、岩手県が57％で最も高く、次いで秋田県が14％、山形県が８％となっており、この３県で全国の約８割を占めている。

図 10　りんどうの作付面積及び出荷量の推移

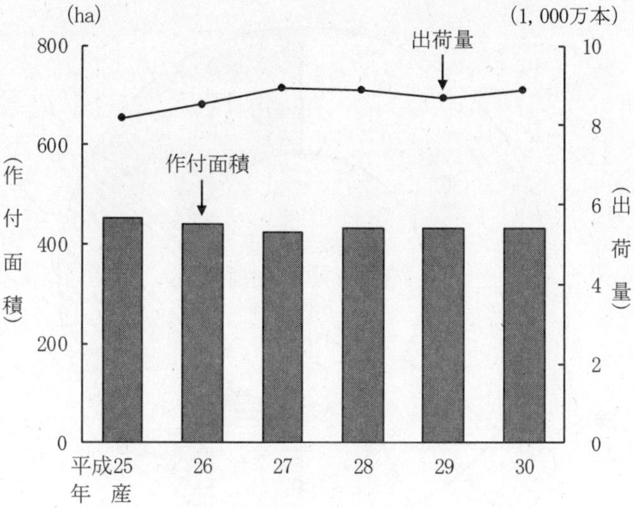

注：　調査対象品目の要件を満たしたため、平成 25 年産から「りんどう」を調査対象に追加した。

図 11　りんどうの都道府県別出荷量割合

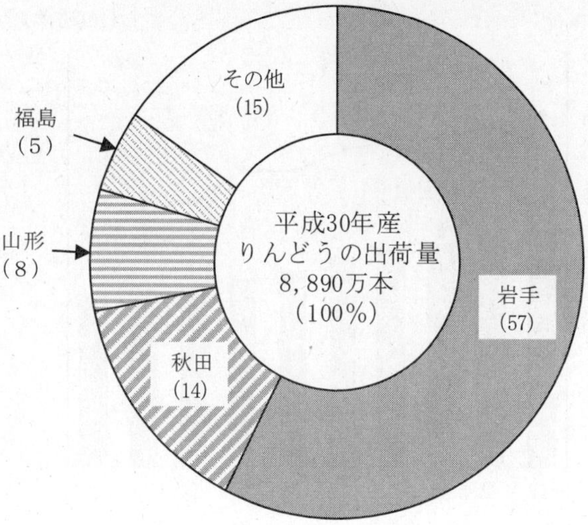

オ　宿根かすみそう

作付面積は201haで、前年産に比べ３ha（１％）減少した。

出荷量は4,960万本で、前年産に比べ40万本（１％）減少した。

都道府県別出荷量割合は、熊本県が35％で最も高く、次いで和歌山県が21％、福島県が14％となっており、この３県で全国の７割を占めている。

図 12　宿根かすみそうの作付面積及び出荷量の推移

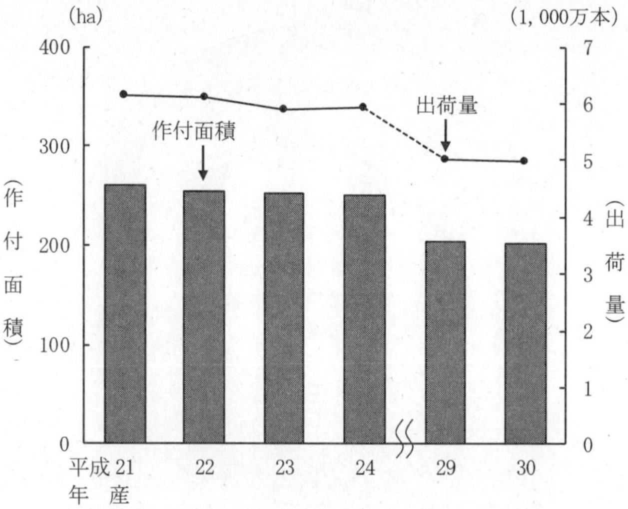

注：「宿根かすみそう」については、調査対象品目の要件を満たさなくなったことにより平成25年産から調査対象から外れたものの、平成29年産から再び要件を満たしたため、調査対象に追加した。

図 13　宿根かすみそうの都道府県別出荷量割合

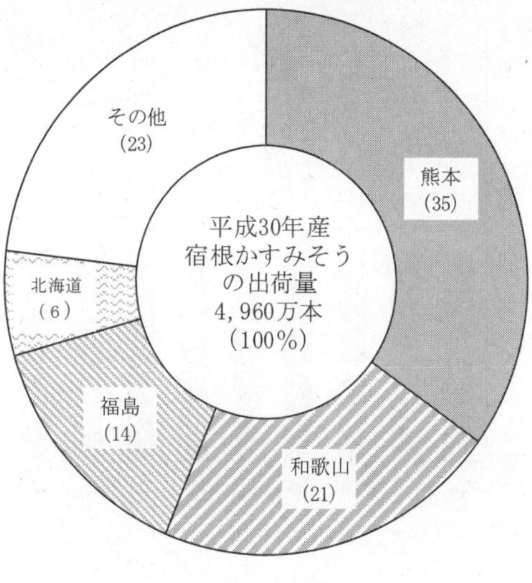

カ　洋ラン類

作付面積は124haで、前年産に比べ４ha（３％）減少した。

出荷量は1,530万本で、前年産に比べ10万本（１％）減少した。

都道府県別出荷量割合は、福岡県が16％で最も高く、次いで徳島県が14％、沖縄県が11％となっている。

図 14　洋ラン類の作付面積及び出荷量の推移

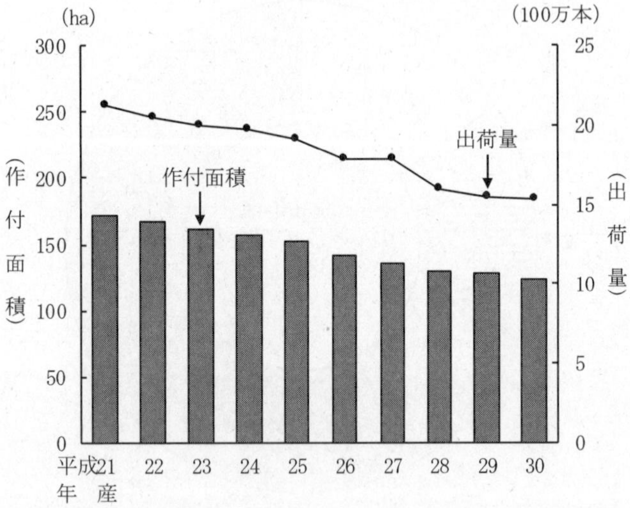

図 15　洋ラン類の都道府県別出荷量割合

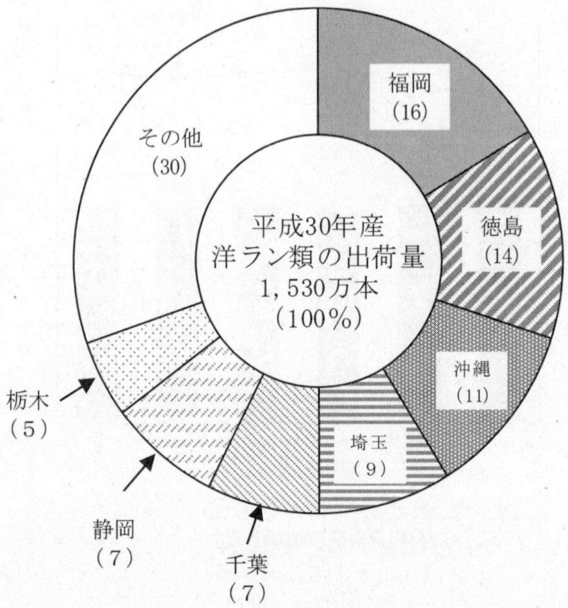

キ　スターチス

作付面積は186haで、前年産に比べ１ha（１％）減少した。

出荷量は１億2,170万本で、前年産に比べ320万本（３％）減少した。

都道府県別出荷量割合は、和歌山県が51％で最も高く、次いで北海道が29％、長野県が７％となっており、この３道県で全国の約９割を占めている。

図 16　スターチスの作付面積及び出荷量の推移

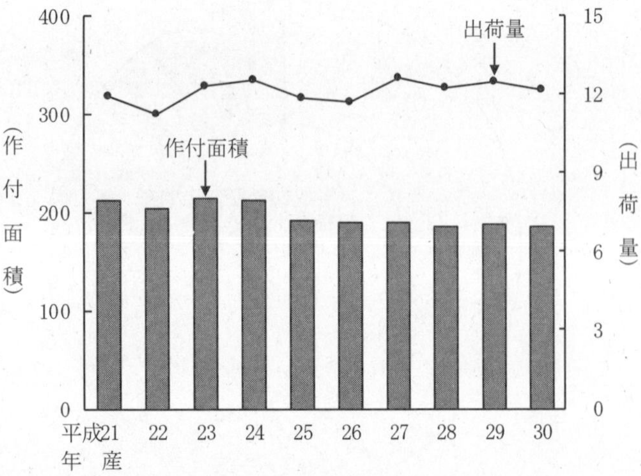

図 17　スターチスの都道府県別出荷量割合

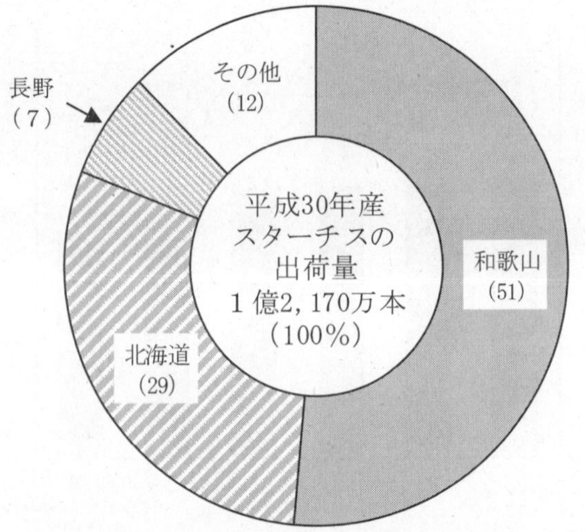

ク　ガーベラ

作付面積は88haで、前年産に比べ２ha（２％）減少した。

出荷量は１億4,340万本で、前年産に比べ1,430万本（９％）減少した。これは、夏期の高温により生育が抑制されたこと等による。

都道府県別出荷量割合は、静岡県が41％で最も高く、次いで福岡県が15％、和歌山県が９％となっており、この３県で全国の約７割を占めている。

図 18　ガーベラの作付面積及び出荷量の推移

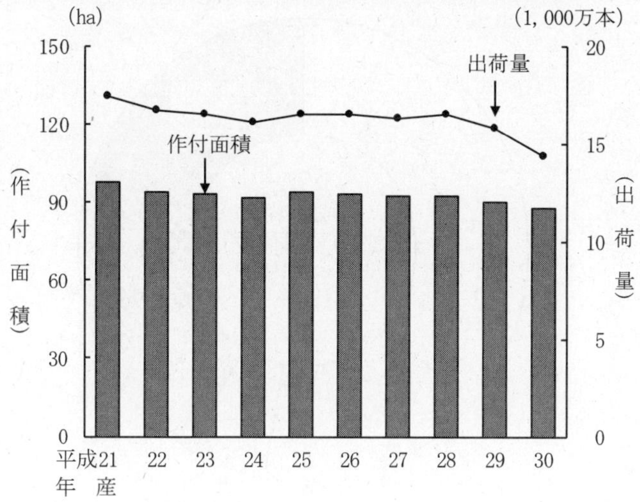

図 19　ガーベラの都道府県別出荷量割合

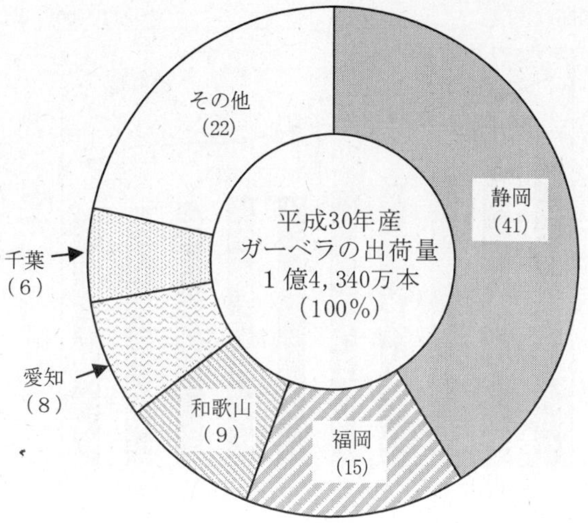

ケ　トルコギキョウ

作付面積は426haで、前年産に比べ８ha（２％）減少した。

出荷量は9,830万本で、前年産に比べ270万本（３％）減少した。

都道府県別出荷量割合は、長野県が14％で最も高く、次いで熊本県が12％、福岡県が９％となっている。

図 20　トルコギキョウの作付面積及び出荷量の推移

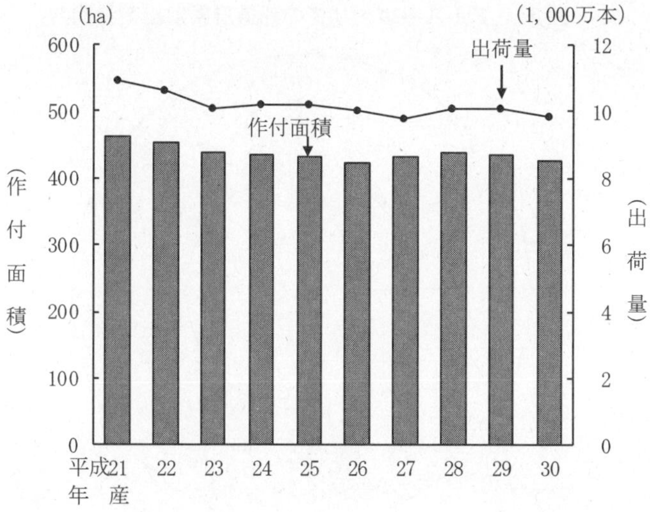

図 21　トルコギキョウの都道府県別出荷量割合

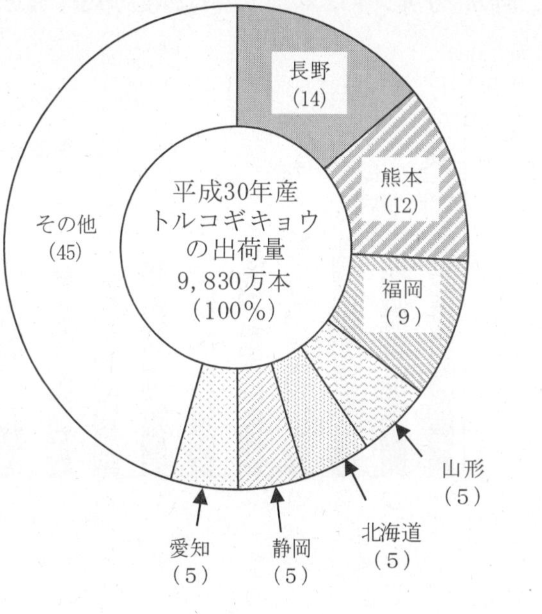

コ　ゆり

作付面積は713haで、前年産に比べ28ha（４％）減少した。

出荷量は１億3,030万本で、前年産に比べ730万本（５％）減少した。これは、作付面積が減少したこと等による。

都道府県別出荷量割合は、埼玉県が20％で最も高く、次いで高知県が12％、新潟県が10％となっている。

図 22　ゆりの作付面積及び出荷量の推移

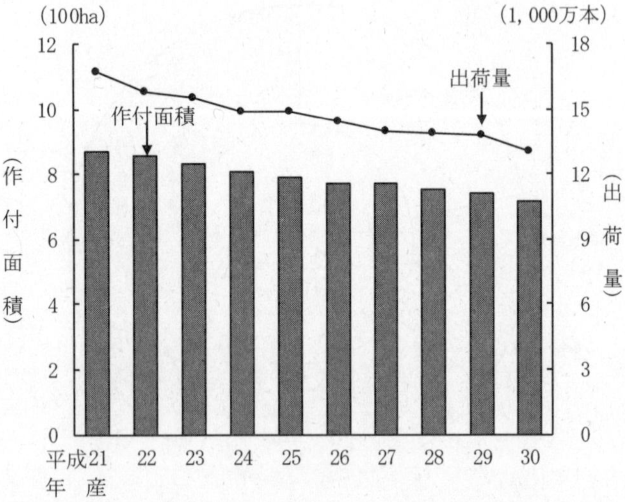

図 23　ゆりの都道府県別出荷量割合

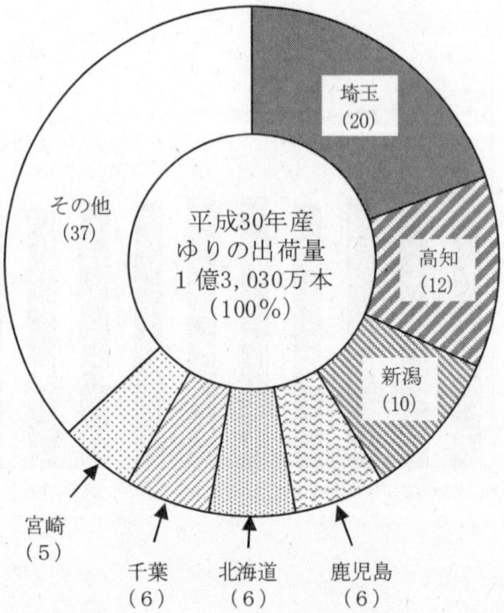

サ　アルストロメリア

作付面積は78haで、前年産に比べ１ha（２％）減少した。

出荷量は5,470万本で、前年産に比べ80万本（１％）減少した。

都道府県別出荷量割合は、長野県が35％で最も高く、次いで愛知県が18％、山形県が12％となっており、この３県で全国の約７割を占めている。

図 24　アルストロメリアの作付面積及び出荷量の推移

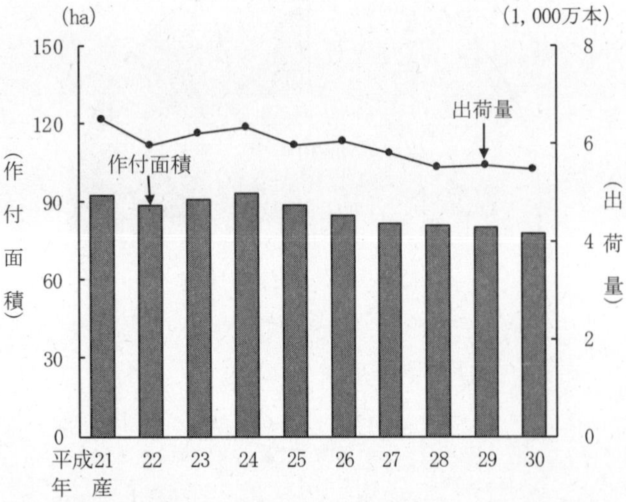

図 25　アルストロメリアの都道府県別出荷量割合

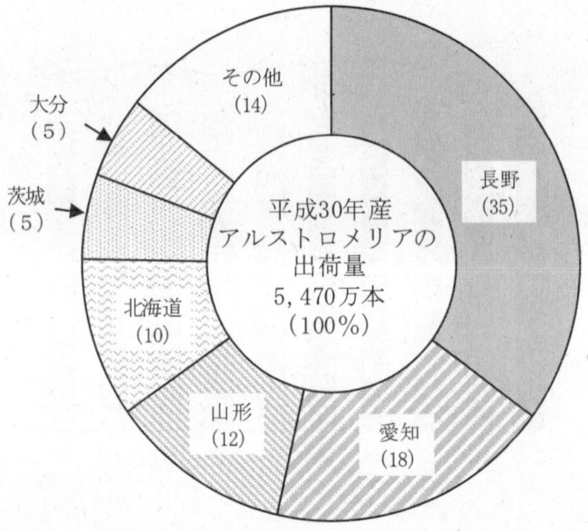

シ　切り葉

作付面積は647haで、前年産に比べ８ha（１％）減少した。

出荷量は１億1,310万本で、前年産に比べ970万本（８％）減少した。これは、主産地において台風被害が発生したこと等による。

都道府県別出荷量割合は、東京都が33％で最も高く、次いで沖縄県が24％、鹿児島県が12％となっており、この３都県で全国の約７割を占めている。

図 26　切り葉の作付面積及び出荷量の推移

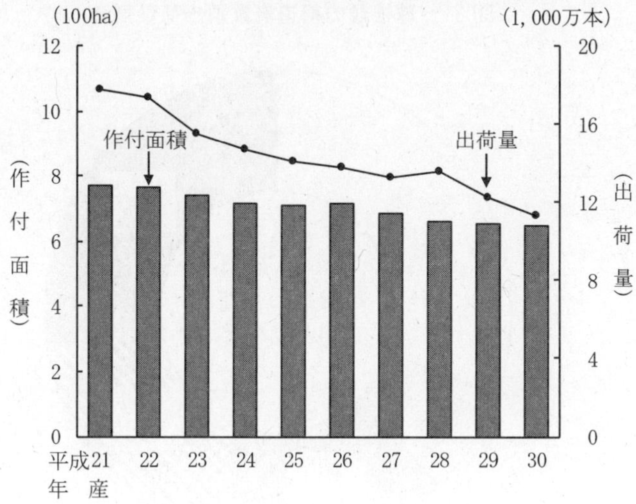

図 27　切り葉の都道府県別出荷量割合

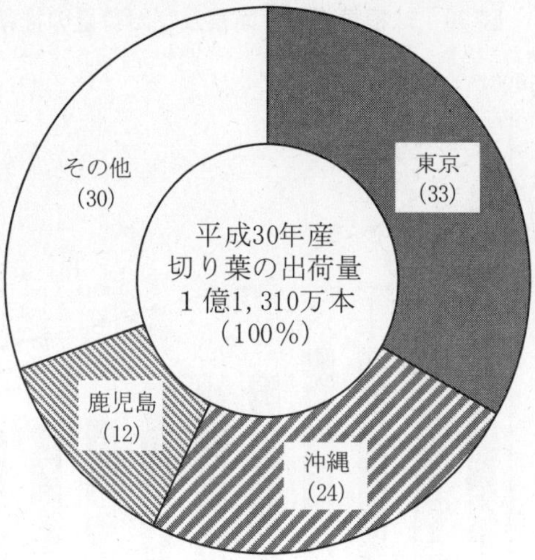

ス　切り枝

作付面積は3,674haで、前年産に比べ45ha（１％）増加した。

出荷量は２億310万本で、前年産に比べ330万本（２％）減少した。

都道府県別出荷量割合は、静岡県が16％で最も高く、次いで茨城県が15％、和歌山県が９％となっている。

図 28　切り枝の作付面積及び出荷量の推移

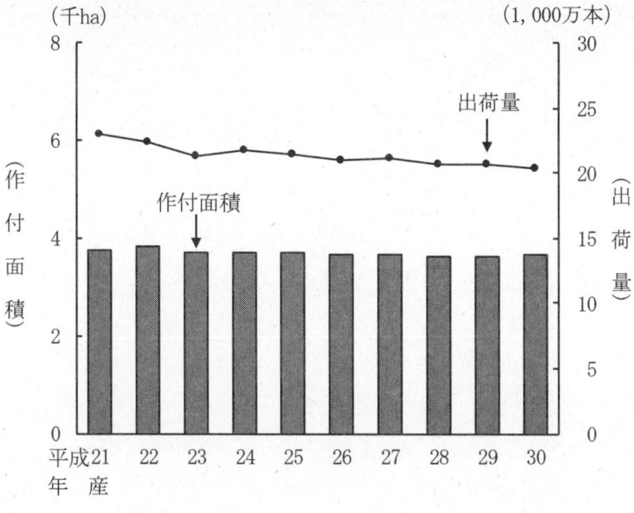

図 29　切り枝の都道府県別出荷量割合

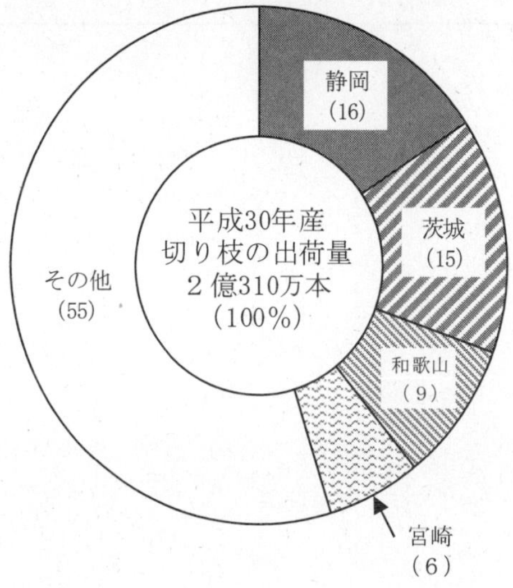

(2) 球根類

収穫面積は287haで、前年産に比べ17ha（６％）減少した。これは、高齢化等により規模を縮小したこと等による。

出荷量は8,560万球で、前年産に比べ550万球（６％）減少した。これは、収穫面積が減少したこと等による。

都道府県別出荷量割合は、鹿児島県が27％で最も高く、次いで新潟県が18％、富山県が17％となっており、この３県で全国の約６割を占めている。

図 30　球根類の収穫面積及び出荷量の推移

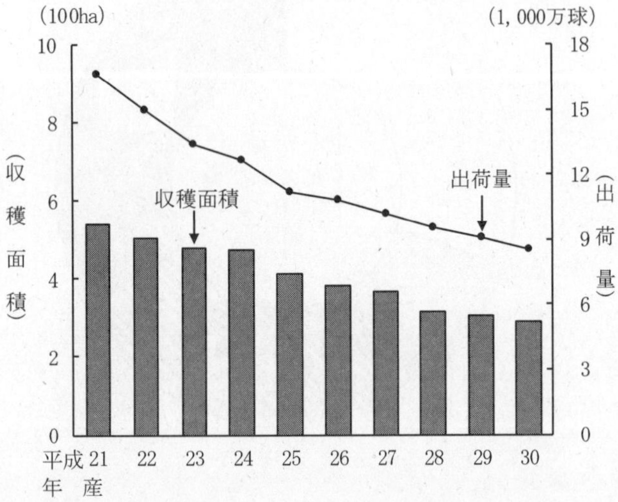

図 31　球根類の都道府県別出荷量割合

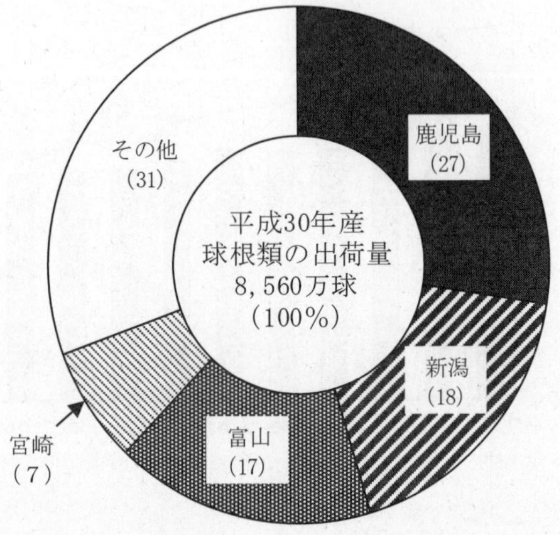

表３　平成30年産球根類の収穫面積及び出荷量（全国）

品　目	収穫面積	出荷量	対前年産比	
			収穫面積	出荷量
	ha	万球	%	%
球　根　類	287	8,560	94	94

(3)　鉢もの類

収穫面積は1,605haで、前年産に比べ38ha（２%）減少した。これは、高齢化等により規模を縮小したこと等による。

出荷量は２億960万鉢で、前年産に比べ1,160万鉢（５%）減少した。これは、生育期間の天候不順により生育が抑制されたこと等による。

都道府県別出荷量割合は、愛知県が22%で最も高く、次いで埼玉県が11%、岐阜県が８%となっている。

品目別出荷量割合は、花木類が20%、観葉植物が19%、シクラメンが８%、洋ラン類が７%となっている。

図32　鉢もの類の収穫面積及び出荷量の推移

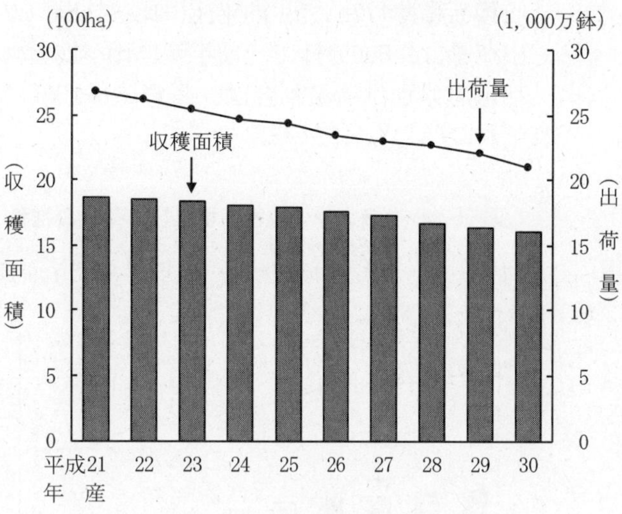

図33　鉢もの類の都道府県別出荷量割合

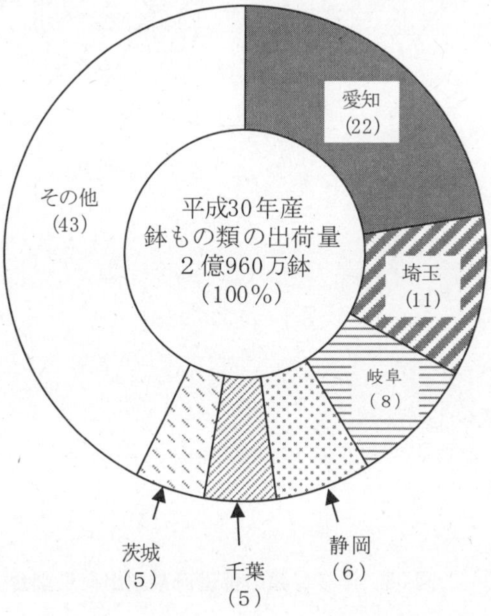

図34　鉢もの類の品目別出荷量割合

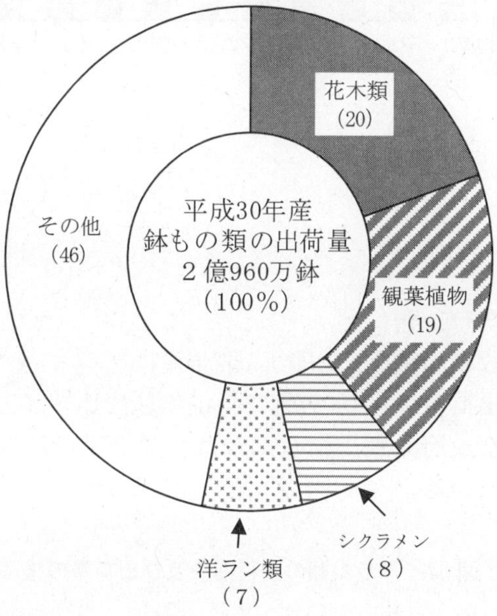

表４　平成30年産鉢もの類の収穫面積及び出荷量（全国）

品目	収穫面積	出荷量	対前年産比	
			収穫面積	出荷量
	ha	万鉢	%	%
鉢もの類	1,605	20,960	98	95
うちシクラメン	177	1,600	98	99
洋ラン類	187	1,450	98	99
観葉植物	294	4,080	97	94
花木類	373	4,150	97	96

注：鉢もの類の値は、表章されている内訳品目以外の品目を含んだ合計である。

ア　シクラメン

収穫面積は177haで、前年産に比べ４ha（２％）減少した。

出荷量は1,600万鉢で、前年産に比べ20万鉢（１％）減少した。

都道府県別出荷量割合は、長野県が15％で最も高く、次いで愛知県が９％、千葉県及び栃木県がそれぞれ６％となっている。

図 35　シクラメンの収穫面積及び出荷量の推移

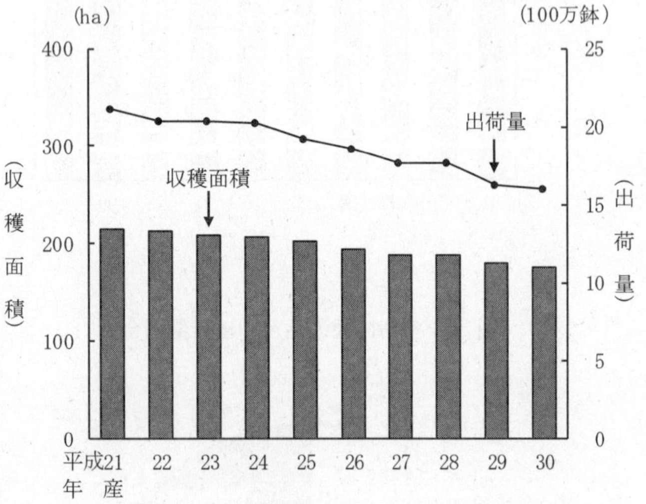

図 36　シクラメンの都道府県別出荷量割合

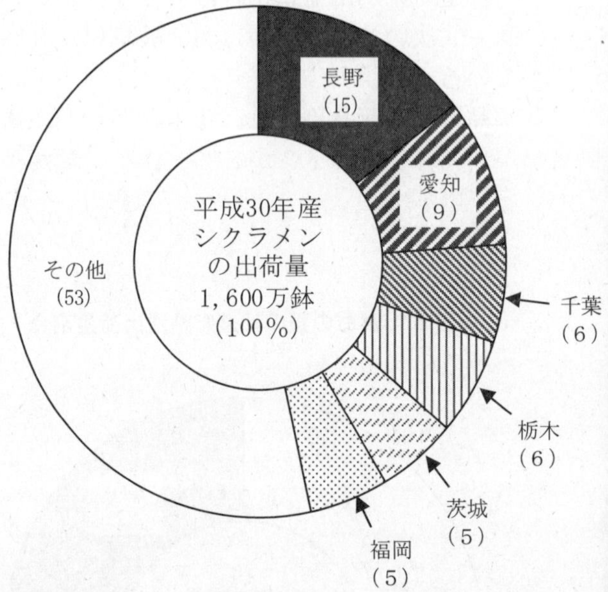

イ　洋ラン類

収穫面積は187haで、前年産に比べ３ha（２％）減少した。

出荷量は1,450万鉢で、前年産に比べ20万鉢（１％）減少した。

都道府県別出荷量割合は、愛知県が23％で最も高く、次いで熊本県及び福岡県がそれぞれ10％となっている。

図 37　洋ラン類の収穫面積及び出荷量の推移

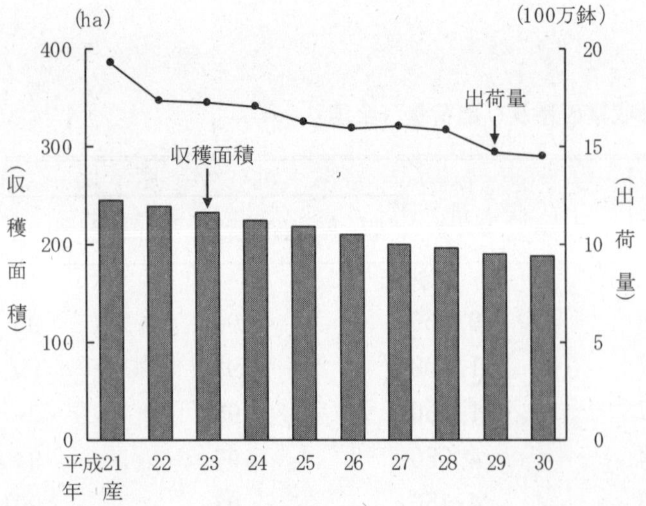

図 38　洋ラン類の都道府県別出荷量割合

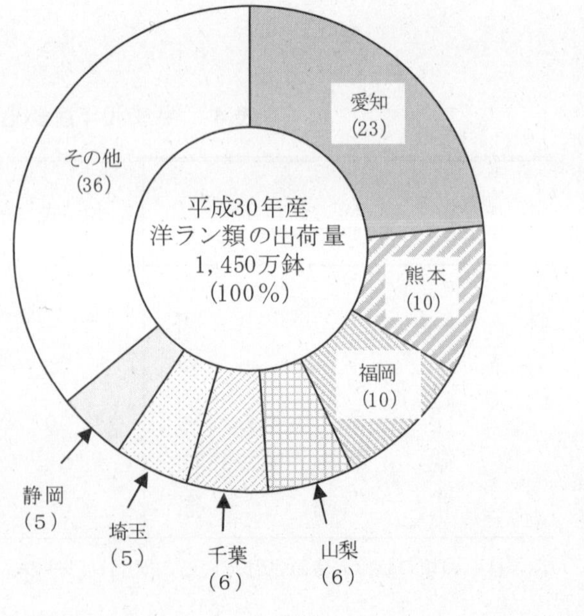

ウ　観葉植物

収穫面積は294haで、前年産に比べ10ha（３％）減少した。

出荷量は4,080万鉢で、前年産に比べ 240万鉢（６％）減少した。これは、収穫面積が減少したことに加え、生育期間の天候不順により生育が抑制されたこと等による。

都道府県別出荷量割合は、愛知県が49％で最も高く、次いで静岡県が11％となっており、この２県で全国の６割を占めている。

図 39　観葉植物の収穫面積及び出荷量の推移

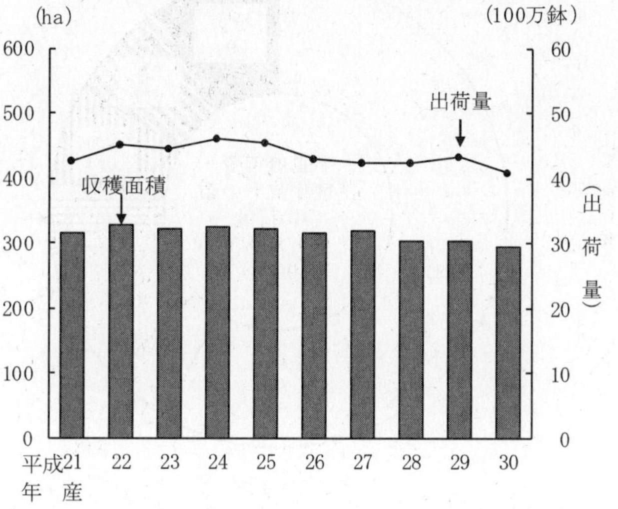

図 40　観葉植物の都道府県別出荷量割合

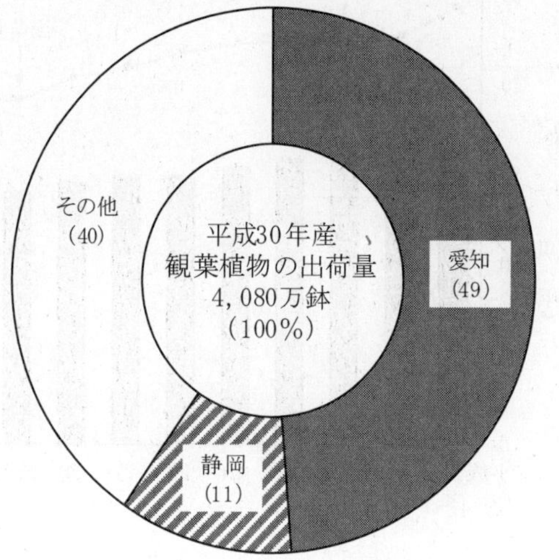

エ　花木類

収穫面積は373haで、前年産に比べ10ha（３％）減少した。

出荷量は4,150万鉢で、前年産に比べ180万鉢（４％）減少した。

都道府県別出荷量割合は、愛知県が29％で最も高く、次いで新潟県が17％、岐阜県が10％となっており、この３県で全国の約６割を占めている。

図 41　花木類の収穫面積及び出荷量の推移

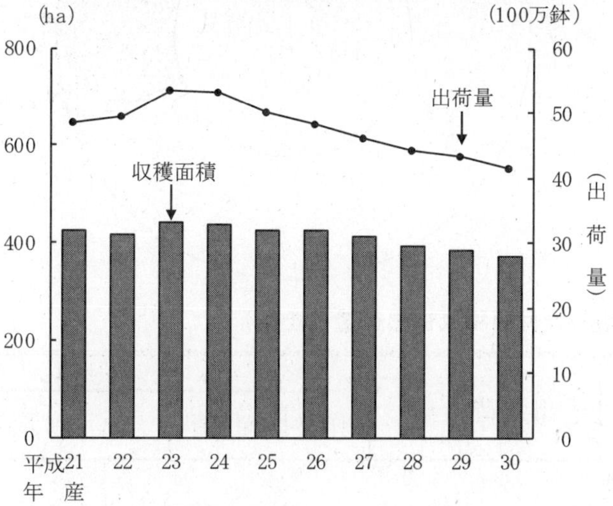

図 42　花木類の都道府県別出荷量割合

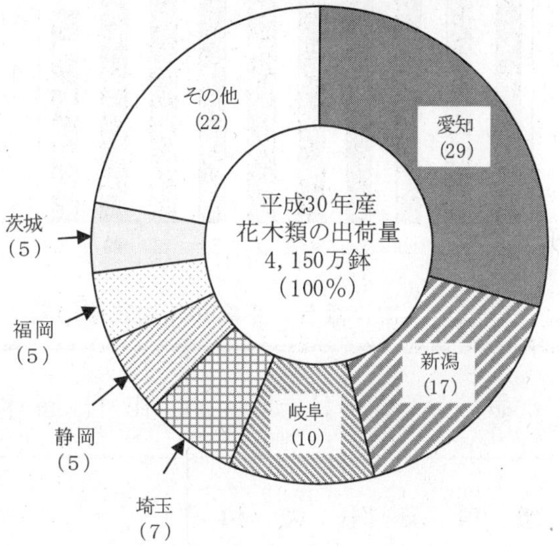

(4)　花壇用苗もの類

作付面積は1,378haで、前年産に比べ23ha（２％）減少した。これは、高齢化等により規模を縮小したことや他作物へ転換したこと等による。

出荷量は５億9,840万本で、前年産に比べ1,120万本（２％）減少した。

都道府県別出荷量割合は、埼玉県が９％で最も高く、次いで千葉県及び愛知県がそれぞれ７％となっている。

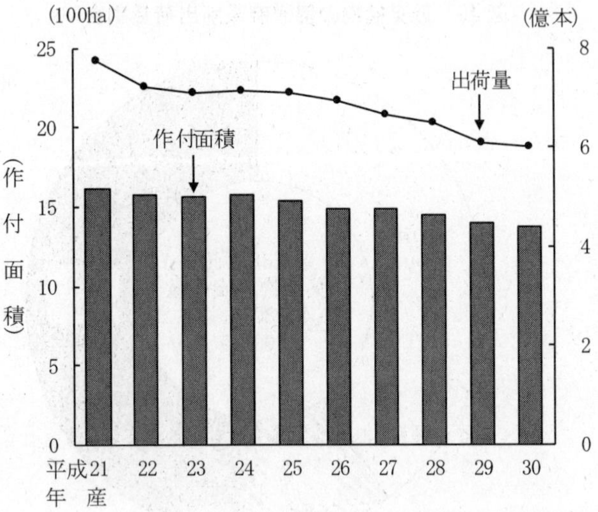

図 43　花壇用苗もの類の作付面積及び出荷量の推移

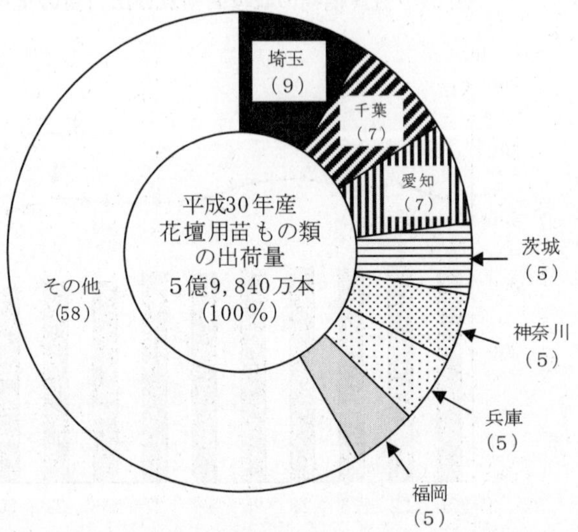

図 44　花壇用苗もの類の都道府県別出荷量割合

このうち、パンジーの作付面積は257haで、前年産に比べ10ha（４％）減少した。

出荷量は１億2,310万本で、前年産に比べ600万本（５％）減少した。これは、作付面積が減少したこと等による。

都道府県別出荷量割合は、埼玉県が８％で最も高く、次いで神奈川県が７％、奈良県が６％となっている。

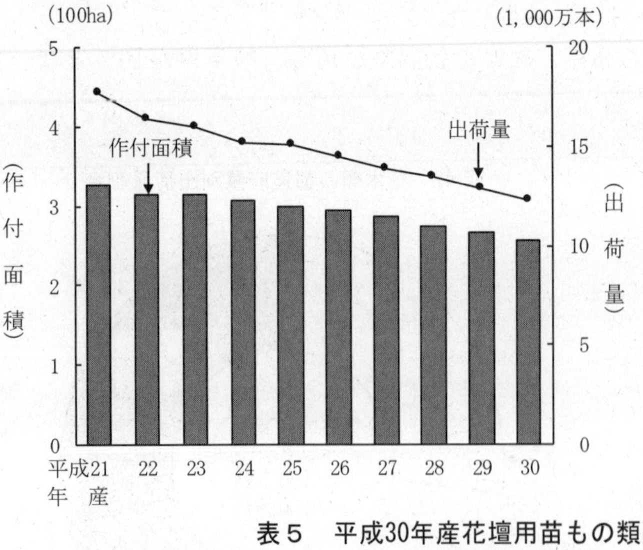

図 45　パンジーの作付面積及び出荷量の推移

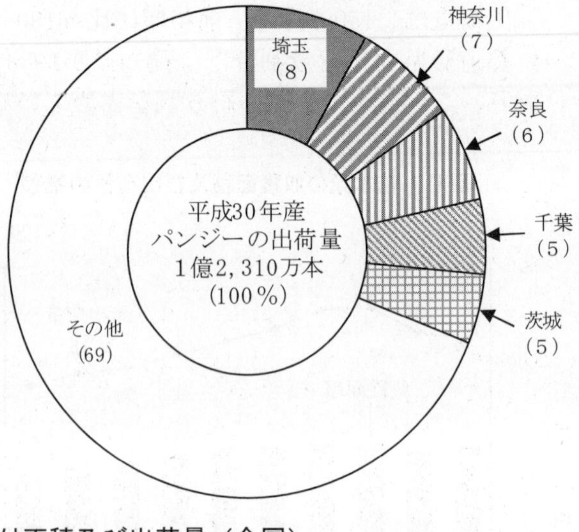

図 46　パンジーの都道府県別出荷量割合

表５　平成30年産花壇用苗もの類の作付面積及び出荷量（全国）

品　　目	作付面積	出荷量	対前年産比	
			作付面積	出荷量
	ha	万本	%	%
花壇用苗もの類	1,378	59,840	98	98
うちパンジー	257	12,310	96	95

注：花壇用苗もの類の値は、表章されている内訳品目以外の品目を含んだ合計である。

Ⅱ　統　計　表

1　平成30年産全国の作付（収穫）面積及び出荷量

類・品目	作付（収穫）面積	出荷量	対前年産比	
			作付（収穫）面積	出荷量
	a	千本（球・鉢）	%	%
切り花類	**1,417,000**	**3,534,000**	**98**	**95**
うち きく	466,300	1,424,000	98	95
カーネーション	29,000	234,100	98	97
ばら	32,500	236,000	97	95
りんどう	43,200	88,900	100	102
宿根かすみそう	20,100	49,600	99	99
洋ラン類	12,400	15,300	97	99
スターチス	18,600	121,700	99	97
ガーベラ	8,840	143,400	98	91
トルコギキョウ	42,600	98,300	98	97
ゆり	71,300	130,300	96	95
アルストロメリア	7,840	54,700	98	99
切り葉	64,700	113,100	99	92
切り枝	367,400	203,100	101	98
球根類	**28,700**	**85,600**	**94**	**94**
鉢もの類	**160,500**	**209,600**	**98**	**95**
うち シクラメン	17,700	16,000	98	99
洋ラン類	18,700	14,500	98	99
観葉植物	29,400	40,800	97	94
花木類	37,300	41,500	97	96
花壇用苗もの類	**137,800**	**598,400**	**98**	**98**
うち パンジー	25,700	123,100	96	95

注：1　平成30年産は主産県を対象に調査を実施しており、全国値については主産県の結果を基に推計した（以下の統計表について同じ。）。
2　切り花類、鉢もの類及び花壇用苗もの類の値は、表章されている内訳品目以外の品目を含んだ合計である。
3　球根類及び鉢もの類は、収穫面積である。
4　出荷量の単位は、切り花類及び花壇用苗もの類が千本、球根類が千球、鉢もの類が千鉢である。

2　平成30年産都道府県別の作付（収穫）面積及び出荷量

(1)　切り花類

ア　計

全国・都道府県	作付面積	出荷量	対前年産比	
			作付面積	出荷量
	a	千本	%	%
全国	**1,417,000**	**3,534,000**	**98**	**95**
うち北海道	46,300	120,400	96	90
青森	8,650	14,900	94	89
岩手	39,600	77,600	99	102
宮城	10,600	30,700	94	95
秋田	22,100	44,000	101	99
山形	48,000	66,900	99	97
福島	43,700	60,700	99	97
茨城	56,700	94,700	101	97
栃木	16,900	52,200	92	93
群馬	23,100	37,200	97	95
埼玉	29,900	68,800	95	92
千葉	54,700	151,000	96	93
東京	34,000	53,400	99	92
神奈川	7,250	24,800	93	96
新潟	21,600	40,600	99	110
山梨	2,680	7,610	91	89
長野	57,600	160,700	97	96
岐阜	6,850	14,300	nc	nc
静岡	75,400	185,500	97	96
愛知	150,400	588,100	100	98
三重	8,250	15,600	100	96
兵庫	17,700	46,900	98	92
奈良	24,500	62,500	98	94
和歌山	63,500	137,200	98	95
島根	5,200	8,220	93	89
岡山	11,100	36,000	97	97
徳島	21,300	27,900	98	103
愛媛	24,900	25,100	103	100
高知	43,000	56,300	98	98
福岡	51,000	195,300	100	97
佐賀	11,000	33,300	99	95
長崎	30,200	98,600	95	95
熊本	40,800	117,900	93	92
大分	21,800	64,800	98	96
宮崎	30,900	75,100	98	92
鹿児島	64,900	161,000	97	95
沖縄	97,600	296,700	100	91

注：　平成30年産は、平成28年産（直近の全国調査年）における作付（収穫）面積の全国値のおおむね80%を占めるまでの上位都道府県（主産県）を対象に調査を実施したことから、前年産（平成25年産（前回の全国調査年）における作付（収穫）面積の全国値を基準）と調査対象都道府県が異なる場合がある（以下の統計表について同じ。）。

2　平成30年産都道府県別の作付（収穫）面積及び出荷量（続き）

(1)　切り花類（続き）

イ　きく

全国・都道府県	作付面積	出荷量	対前年産比	
			作付面積	出荷量
	a	千本	%	%
全国	**466,300**	**1,424,000**	**98**	**95**
うち岩手	11,100	17,900	98	96
秋田	11,800	22,700	97	97
福島	10,300	25,100	96	93
茨城	12,800	27,900	95	92
栃木	10,500	26,800	91	88
長野	10,400	26,500	91	91
静岡	15,600	43,700	98	96
愛知	128,800	453,400	100	98
奈良	10,800	43,800	98	93
福岡	24,200	95,600	100	99
長崎	15,900	58,200	94	94
大分	10,400	33,800	97	95
鹿児島	26,600	85,400	95	94
沖縄	78,400	255,600	100	90

ウ　カーネーション

全国・都道府県	作付面積	出荷量	対前年産比	
			作付面積	出荷量
	a	千本	%	%
全国	**29,000**	**234,100**	**98**	**97**
うち北海道	3,360	22,400	98	85
千葉	1,970	20,900	99	108
長野	8,200	48,000	99	98
静岡	780	9,670	100	96
愛知	4,730	43,000	99	103
兵庫	1,560	19,500	98	96
福岡	1,050	10,100	100	96
長崎	1,560	14,100	93	94
熊本	710	6,960	97	97

エ　ばら

全国・都道府県	作付面積	出荷量	対前年産比	
			作付面積	出荷量
	a	千本	%	%
全国	**32,500**	**236,000**	**97**	**95**
うち 宮城	700	3,490	99	87
山形	1,580	17,400	99	99
茨城	728	4,460	100	107
栃木	1,130	8,790	93	94
群馬	1,630	10,100	98	97
千葉	816	5,700	93	94
神奈川	1,270	12,100	89	81
山梨	706	4,630	85	84
長野	900	4,700	97	98
岐阜	614	4,540	nc	nc
静岡	3,400	20,500	99	95
愛知	4,870	43,300	100	95
三重	570	4,120	100	95
和歌山	869	4,310	89	87
岡山	602	4,150	98	88
愛媛	1,280	13,600	104	105
福岡	1,900	15,600	100	101
佐賀	922	6,490	104	104
長崎	475	2,510	nc	nc
熊本	590	3,840	98	101
大分	692	2,280	88	74

オ　りんどう

全国・都道府県	作付面積	出荷量	対前年産比	
			作付面積	出荷量
	a	千本	%	%
全国	**43,200**	**88,900**	**100**	**102**
うち 岩手	22,500	51,100	99	103
秋田	4,760	12,800	110	105
山形	3,340	6,810	103	104
福島	3,110	4,600	98	101
長野	2,850	3,200	91	84

2　平成30年産都道府県別の作付（収穫）面積及び出荷量（続き）

(1)　切り花類（続き）

カ　宿根かすみそう

全国・都道府県	作付面積	出荷量	対前年産比	
			作付面積	出荷量
	a	千本	%	%
全国	**20,100**	**49,600**	**99**	**99**
うち北海道	1,310	3,070	97	77
福島	4,780	7,120	98	130
和歌山	2,020	10,600	96	93
高知	1,140	2,130	97	100
熊本	7,550	17,300	100	98

キ　洋ラン類

全国・都道府県	作付面積	出荷量	対前年産比	
			作付面積	出荷量
	a	千本	%	%
全国	**12,400**	**15,300**	**97**	**99**
うち栃木	420	760	88	92
群馬	415	631	100	142
埼玉	962	1,330	96	94
千葉	729	1,140	98	98
静岡	804	1,130	100	96
愛知	302	341	nc	nc
徳島	2,440	2,070	96	99
高知	395	403	100	102
福岡	1,300	2,520	96	96
鹿児島	779	613	94	92
沖縄	1,580	1,720	105	115

ク　スターチス

全国・都道府県	作付面積	出荷量	対前年産比	
			作付面積	出荷量
	a	千本	%	%
全国	**18,600**	**121,700**	**99**	**97**
うち北海道	6,250	35,900	98	92
千葉	586	3,230	100	91
長野	860	8,100	96	103
和歌山	7,320	62,600	101	100

ケ　ガーベラ

全国・都道府県	作付面積	出荷量	対前年産比	
			作付面積	出荷量
	a	千本	%	%
全国	**8,840**	**143,400**	**98**	**91**
うち 茨城	281	6,180	98	100
千葉	1,060	8,530	99	60
静岡	2,730	59,000	97	95
愛知	770	10,800	96	95
和歌山	635	13,100	93	87
福岡	1,170	20,900	98	97
長崎	427	4,310	nc	nc

コ　トルコギキョウ

全国・都道府県	作付面積	出荷量	対前年産比	
			作付面積	出荷量
	a	千本	%	%
全国	**42,600**	**98,300**	**98**	**97**
うち 北海道	2,980	4,680	96	89
青森	830	1,400	92	90
宮城	927	1,570	87	91
秋田	2,000	3,460	99	99
山形	2,400	5,050	97	97
福島	2,090	3,820	96	95
千葉	1,450	3,700	99	99
長野	5,010	13,600	104	102
静岡	1,750	4,670	97	97
愛知	1,190	4,580	94	93
島根	932	1,310	97	94
高知	1,700	4,110	99	104
福岡	3,980	9,230	100	101
佐賀	960	2,270	nc	nc
長崎	792	1,860	nc	nc
熊本	4,690	11,800	101	98
大分	728	2,080	93	91

2　平成30年産都道府県別の作付（収穫）面積及び出荷量（続き）

(1)　切り花類（続き）

サ　ゆり

全国・都道府県	作付面積	出荷量	対前年産比	
			作付面積	出荷量
	a	千本	%	%
全国	**71,300**	**130,300**	**96**	**95**
うち北海道	6,370	7,330	97	87
岩手	2,250	2,720	97	121
秋田	1,300	1,330	nc	nc
福島	2,420	5,350	102	101
埼玉	7,370	25,600	95	92
千葉	2,920	7,240	97	98
新潟	12,000	12,400	94	100
長野	1,540	1,900	96	89
高知	9,630	15,800	97	97
福岡	2,900	5,660	100	105
熊本	1,700	3,430	90	83
宮崎	3,530	6,430	96	88
鹿児島	3,540	7,720	100	94

シ　アルストロメリア

全国・都道府県	作付面積	出荷量	対前年産比	
			作付面積	出荷量
	a	千本	%	%
全国	**7,840**	**54,700**	**98**	**99**
うち北海道	724	5,490	92	91
山形	866	6,400	97	95
茨城	561	2,920	100	100
長野	2,380	19,200	99	100
愛知	1,420	10,100	103	105
大分	447	2,840	93	91

ス　切り葉

全国・都道府県	作付面積	出荷量	対前年産比	
			作付面積	出荷量
	a	千本	%	%
全国	**64,700**	**113,100**	**99**	**92**
うち千葉	9,540	4,660	97	95
東京	25,600	37,400	100	90
愛知	1,630	1,730	100	98
鹿児島	3,980	14,100	97	93
沖縄	11,800	27,300	99	93

セ　切り枝

全国・都道府県	作付面積	出荷量	対前年産比	
			作付面積	出荷量
	a	千本	%	%
全国	**367,400**	**203,100**	**101**	**98**
うち 山形	26,800	3,890	107	113
福島	16,100	5,540	102	103
茨城	37,000	30,000	103	96
群馬	8,900	4,220	100	98
埼玉	5,540	2,890	100	102
千葉	10,400	7,660	101	104
長野	7,900	6,400	101	101
静岡	42,700	31,800	101	102
三重	5,800	1,940	100	100
奈良	11,800	7,450	99	95
和歌山	42,300	17,800	98	96
徳島	11,400	5,930	97	96
愛媛	20,700	6,830	103	107
高知	20,400	6,770	100	98
宮崎	17,800	12,300	101	88
鹿児島	12,400	3,300	105	97

2　平成30年産都道府県別の作付（収穫）面積及び出荷量（続き）

(2)　球根類計

全国・都道府県	収穫面積	出荷量	対前年産比	
			収穫面積	出荷量
	a	千球	%	%
全国	**28,700**	**85,600**	**94**	**94**
うち新潟	9,950	15,400	95	93
富山	6,820	14,300	89	87
宮崎	2,610	6,240	100	100
鹿児島	4,770	23,500	98	98

(3)　鉢もの類
ア　計

全国・都道府県	収穫面積	出荷量	対前年産比	
			収穫面積	出荷量
	a	千鉢	%	%
全国	**160,500**	**209,600**	**98**	**95**
うち北海道	1,680	3,800	100	100
岩手	1,660	1,890	107	127
福島	2,910	3,260	91	93
茨城	7,980	9,900	97	100
栃木	4,740	4,740	100	94
群馬	4,140	3,960	98	93
埼玉	17,500	22,100	96	91
千葉	9,470	10,100	99	101
東京	3,400	2,180	100	99
神奈川	2,700	2,260	100	98
新潟	8,500	8,840	93	90
山梨	1,630	2,270	102	97
長野	6,510	7,550	100	99
岐阜	4,680	17,600	98	97
静岡	6,160	13,500	100	96
愛知	31,400	47,100	100	93
島根	897	856	nc	nc
岡山	994	1,170	99	107
徳島	1,350	749	99	95
高知	432	211	100	101
福岡	7,500	7,880	100	99
佐賀	1,450	2,000	nc	nc
熊本	2,650	3,600	91	82
宮崎	2,340	1,960	98	84
鹿児島	8,890	2,570	93	93
沖縄	2,500	1,050	98	96

2　平成30年産都道府県別の作付（収穫）面積及び出荷量（続き）

(3)　鉢もの類（続き）

イ　シクラメン

全国・都道府県	収穫面積	出荷量	対前年産比	
			収穫面積	出荷量
	a	千鉢	%	%
全国	**17,700**	**16,000**	**98**	**99**
うち北海道	361	487	100	97
岩手	344	194	97	98
福島	900	693	90	105
茨城	1,020	835	86	86
栃木	1,150	990	100	97
群馬	1,320	686	100	109
埼玉	976	700	95	96
千葉	1,580	992	100	94
神奈川	689	605	100	107
山梨	426	264	116	116
長野	1,810	2,320	99	99
岐阜	388	423	99	100
愛知	1,690	1,500	100	99
島根	331	304	nc	nc
福岡	800	824	100	99
佐賀	550	622	nc	nc

ウ　洋ラン類

全国・都道府県	収穫面積	出荷量	対前年産比	
			収穫面積	出荷量
	a	千鉢	%	%
全国	**18,700**	**14,500**	**98**	**99**
うち栃木	652	493	100	101
埼玉	1,070	730	95	89
千葉	428	809	nc	nc
神奈川	346	261	84	98
山梨	1,030	852	98	95
長野	560	285	100	100
静岡	882	687	100	96
愛知	4,640	3,400	98	96
岡山	421	286	98	94
徳島	880	371	98	90
高知	400	190	100	101
福岡	1,850	1,390	100	119
熊本	930	1,440	98	85
宮崎	1,030	266	101	109

エ　観葉植物

全国・都道府県	収穫面積	出荷量	対前年産比	
			収穫面積	出荷量
	a	千鉢	%	%
全国	**29,400**	**40,800**	**97**	**94**
うち千葉	1,670	1,570	100	101
東京	1,500	195	100	99
静岡	2,180	4,400	100	105
愛知	8,900	19,900	99	92
鹿児島	7,750	1,400	93	92
沖縄	1,660	684	95	93

オ　花木類

全国・都道府県	収穫面積	出荷量	対前年産比	
			収穫面積	出荷量
	a	千鉢	%	%
全国	**37,300**	**41,500**	**97**	**96**
うち茨城	2,420	1,960	96	96
栃木	750	694	nc	nc
埼玉	5,490	2,760	97	95
千葉	1,150	974	95	106
新潟	7,420	6,980	92	89
岐阜	1,240	4,290	98	98
静岡	1,290	2,220	100	95
愛知	7,580	12,100	101	98
福岡	2,900	1,980	100	97

2　平成30年産都道府県別の作付（収穫）面積及び出荷量（続き）

(4)　花壇用苗もの類

ア　計

全国・都道府県	作付面積	出荷量	対前年産比 作付面積	対前年産比 出荷量
	a	千本	%	%
全国	**137,800**	**598,400**	**98**	**98**
うち北海道	2,820	10,700	100	91
岩手	1,140	4,950	99	101
山形	2,600	10,300	97	95
茨城	6,720	28,800	105	108
栃木	2,020	9,780	94	92
群馬	4,220	16,300	100	102
埼玉	17,800	53,800	99	97
千葉	12,500	43,300	99	94
東京	4,440	13,900	99	99
神奈川	6,900	27,500	95	87
岐阜	4,320	17,900	99	97
静岡	3,620	16,400	100	100
愛知	10,000	41,000	98	94
三重	3,590	22,200	100	103
京都	1,750	8,380	96	107
大阪	1,760	7,780	94	88
兵庫	5,090	27,500	98	99
奈良	3,550	25,700	97	97
鳥取	1,980	8,650	97	104
島根	4,480	7,970	100	167
岡山	1,920	8,720	97	102
広島	1,900	13,100	95	94
山口	2,040	12,300	99	98
福岡	4,000	27,000	103	112
佐賀	2,020	13,300	nc	nc
熊本	1,880	9,640	95	92
宮崎	2,790	14,600	84	88
鹿児島	3,320	15,800	96	96

イ　パンジー

全国・都道府県	作付面積	出荷量	対前年産比	
			作付面積	出荷量
	a	千本	%	%
全国	**25,700**	**123,100**	**96**	**95**
うち岩手	370	1,410	97	99
山形	742	3,260	94	93
茨城	1,390	5,660	90	90
栃木	431	2,490	86	72
群馬	716	3,610	101	104
埼玉	2,160	10,200	98	95
千葉	1,380	6,030	95	106
東京	621	1,890	100	101
神奈川	2,060	8,690	99	88
静岡	1,100	5,190	100	98
愛知	1,560	4,950	98	91
三重	900	5,420	100	100
京都	420	2,860	102	106
大阪	560	2,480	97	81
兵庫	712	4,780	100	104
奈良	1,150	7,710	97	97
鳥取	513	1,750	97	95
岡山	872	2,690	99	105
広島	727	4,190	94	90
福岡	930	5,250	100	102
佐賀	436	3,850	nc	nc
熊本	600	2,770	93	92
宮崎	533	3,090	75	93

[付]　調　査　票

⇦ ⇦ ⇦ 入 力 方 向

別記様式第12号

秘	統計法に基づく基幹統計
農林水産省	作 物 統 計

年 産	都道府県	管理番号	市区町村	客体番号

政府統計

統計法に基づく国の統計調査です。調査票情報の秘密の保護に万全を期します。

平成　　年産

花き作付面積調査・出荷量調査調査票（団体用）

○ この調査票は、秘密扱いとし、統計以外の目的に使うことは絶対ありませんので、ありのままを記入してください。
○ 黒色の鉛筆又はシャープペンシルで記入し、間違えた場合は、消しゴムできれいに消してください。
○ 調査及び調査票の記入に当たって、不明な点等がありましたら、下記の「問い合わせ先」にお問い合わせください。

★ 右づめで記入し、マスが足りない場合は一番左のマスにまとめて記入してください。
★ 該当する場合は、記入例のように点線をなぞってください。

記入例	11	9	8	6	5	3
記入例	⁄	➡	／			

つなげる
すきまをあける

記入していただいた調査票は、　　月　　日までに提出してください。
調査票の記入及び提出は、インターネットでも可能です。
詳しくは同封の「オンライン調査システム操作ガイド」を御覧ください。

【問い合わせ先】

【１】 貴団体で集荷している作付（収穫）面積及び出荷量について

記入上の注意
○ 本年の1月から12月までに出荷したものについて、記入してください。
○ 「作付（収穫）面積」は、被害等で出荷できなかった面積も含めてください。
また、1年間のうち、同じほ場に2回以上作付けした場合や2段以上のベッド（棚）で栽培した場合、その延べ面積としてください。
○ 1a（歩、㎡）、1,000本（鉢、球）に満たない場合は四捨五入して整数単位で記入してください。
（例：0.4a、400本→「0」、0.5a、500本→「1」）

記入する作付（収穫）面積の単位の点線をなぞって選択してください。	a（畝）	⁄	歩（坪）	⁄	㎡	⁄

品目名	品目コード	本年（平成　　年1月～12月） 作付（収穫）面積	本年（平成　　年1月～12月） 出荷量	前年（1～12月） 作付（収穫）面積	前年（1～12月） 出荷量
切り花類計			千本		千本

裏面に進んでください。

【１】 貴団体で集荷している作付(収穫)面積及び出荷量について(続き)

品目名	本年(平成　　年1月～12月)			前年(1～12月)	
	品目コード	作付(収穫)面積	出荷量	作付(収穫)面積	出荷量
＜切り花類続き＞					
			千本		千本
球根類計			千球		千球
鉢もの類計			千鉢		千鉢
花壇用苗もの類計			千本		千本

【2】 作付(収穫)面積の増減理由、生育及び被害の発生状況等について

作付(収穫)面積の主な増減理由について記入してください。

生育、作柄、被害の発生状況等について記入してください。

別記様式第23号

秘
農林水産省

統計法に基づく基幹統計
作　物　統　計

政府統計

統計法に基づく国の統計調査です。調査票情報の秘密の保護に万全を期します。

都道府県	管理番号	市区町村	旧市区町村	農業集落	調査区	経営体

入力方向

平成　　年産

花き出荷量調査調査票（経営体用）

○ この調査票は、秘密扱いとし、統計以外の目的に使うことは絶対ありませんので、ありのままを記入してください。
○ 黒色の鉛筆又はシャープペンシルで記入し、間違えた場合は、消しゴムできれいに消してください。
○ 調査及び調査票の記入に当たって、不明な点等がありましたら、下記の「問い合わせ先」にお問い合わせください。

★ 右づめで記入し、マスが足りない場合は一番左のマスにまとめて記入してください。

記入例	11	9	8	6	5	3

つなげる　すきまをあける

★ 該当する場合は、記入例のように点線をなぞってください。

記入例　／ → ／

記入していただいた調査票は、　　月　　日までに提出してください。

【問い合わせ先】

【１】本年の生産の状況について

本年の作付状況について教えてください。該当するもの1つに必ず点線をなぞって選択してください。

本年、作付けを行った	／
本年、作付けを行わなかった	／

【２】来年以降の作付予定について

来年以降の作付予定について教えてください。該当するもの1つに必ず点線をなぞって選択してください。

来年以降、作付予定がある	／
来年以降、作付予定はない	／
今のところ未定	／
農業をやめたため、農作物を作付け（栽培）する予定はない	／

【1】本年の生産状況の確認で
・ 本年作付けを行った方は、【３】（次のページ）に進んでください。
・ 本年作付けを行わなかった方はここで終了となりますので、調査票を提出していただくようお願いします。
御協力ありがとうございました。

本年、作付けを行った方のみ記入してください。

【３】作付（収穫）面積及び出荷量について

本年産の作付（収穫）面積及び出荷量について該当する品目ごとに記入してください。

記入上の注意

○ 本年の1月から12月までに出荷したものについて、記入してください。
○ 「作付（収穫）面積」は、被害等で出荷できなかった面積も含めてください。
　また、1年間のうち、同じほ場に2回以上作付けした場合や2段以上のベッド（棚）で栽培した場合、その延べ面積としてください。
○ 「出荷量」は、共同出荷、農協や市場へ出荷したものや、消費者に直接販売したものなど、販売した全ての量を含めてください。
○ 1a（歩、m²）、1,000本（鉢、球）に満たない場合は四捨五入して整数単位で記入してください。
　（例：0.4a、400本→「0」、0.5a、500本→「1」）
○ 「出荷先の割合」は、記入した「出荷量」について該当する出荷先に出荷した割合を%で記入してください。
　「直売所・消費者へ直接販売」は、農協の直売所、庭先販売、宅配便、インターネット販売などをいいます。
　「その他」は、仲買業者、スーパー、外食産業などを含みます。
○ 「主な被害の要因」は被害があった場合に記入してください。
　（例：「高温」、「多雨」、「台風」、「病害」、「虫害」等）

記入する作付（収穫）面積の単位の点線をなぞって選択してください。	a（畝）	／	歩（坪）	／	m²	／

品目名	本年（平成　　年１月～12月）作付（収穫）面積	本年（平成　　年１月～12月）出荷量	出荷先の割合（%）加工業者	直売所・消費者へ直接販売	市場	農協以外の集出荷団体	農協	その他	合計	被害の多少 少	並	多	主な被害の要因
切り花類計		千本							100%	／	／	／	
									100%	／	／	／	
									100%	／	／	／	
									100%	／	／	／	
									100%	／	／	／	
									100%	／	／	／	
									100%	／	／	／	

【３】作付（収穫）面積及び出荷量について （続き）

品目名	本年（平成　年１月～12月）		出荷先の割合（%）							被害の多少			主な被害の要因
	作付（収穫）面積	出荷量	加工業者	直売所・消費者へ直接販売	市場	農協以外の集出荷団体	農協	その他	合計	少	並	多	
＜切り花類の続き＞													
		千本							100%				
									100%				
									100%				
									100%				
									100%				
									100%				
									100%				
									100%				
									100%				
									100%				
									100%				

次のページに進んでください。

【３】作付（収穫）面積及び出荷量について（続き）

品目名	本年（平成　年１月～12月）		出荷先の割合（%）							被害の多少			主な被害の要因
	作付（収穫）面積	出荷量	加工業者	直売所・消費者へ直接販売	市場	農協以外の集出荷団体	農協	その他	合計	少	並	多	
球根類計		千球							100%				
鉢もの類計		千鉢							100%				
									100%				
									100%				
									100%				
									100%				
									100%				
									100%				
花壇用苗もの類計		千本							100%				
									100%				
									100%				
									100%				

調査はここで終了です。御協力ありがとうございました。

平成30年産　花き生産出荷統計

令和2年9月　発行　　　　　　定価は表紙に表示してあります。

編集　〒100-8950　東京都千代田区霞が関1－2－1
農林水産省大臣官房統計部

発行　〒153-0064　東京都目黒区下目黒3-9-13　目黒・炭やビル
一般財団法人　農林統計協会
振替　00190-5-70255　TEL 03(3492)2987

ISBN978-4-541-04322-1 C3061